BEI GRIN MACHT SICH IHR WISSEN BEZAHLT

AF144295

- Wir veröffentlichen Ihre Hausarbeit, Bachelor- und Masterarbeit

- Ihr eigenes eBook und Buch - weltweit in allen wichtigen Shops

- Verdienen Sie an jedem Verkauf

Jetzt bei www.GRIN.com hochladen und kostenlos publizieren

Erwartungswert und Varianz bei stetigen Zufallsvariablen. Ein einleitende Übersicht

Bibliografische Information der Deutschen Nationalbibliothek:

Die Deutsche Nationalbibliothek verzeichnet diese Publikation in der Deutschen Nationalbibliografie; detaillierte bibliografische Daten sind im Internet über http://dnb.d-nb.de abrufbar.

ISBN: 9783346258960
Dieses Buch ist auch als E-Book erhältlich.

© GRIN Publishing GmbH
Nymphenburger Straße 86
80636 München

Druck und Bindung: Books on Demand GmbH, Norderstedt Germany
Gedruckt auf säurefreiem Papier aus verantwortungsvollen Quellen

Das Buch bei GRIN: https://www.grin.com/document/932712

Erwartungswert und Varianz

bei stetigen Zufallsvariablen

Inhaltsverzeichnis

1. Einleitung

Bei einem Münzwurf landet die Münze so, dass entweder „Kopf" oder „Zahl" oben liegt. Wenn wir vorher festlegen, dass „Zahl" einen Punkt gibt und „Kopf" einen Minuspunkt, können wir folgende Tabelle aufstellen:

Zahl	1
Kopf	- 1

Einem Ergebnis werden also Zahlenwerte zugeordnet. Diese Zuordnung nennt man Zufallsvariable. Eine Zufallsvariable ist demnach eine Beziehung zwischen zwei Mengen, die jedem Element der einen Menge genau ein Element der anderen Menge zuordnet. Sind die Elemente der zweiten Menge nicht abzählbar, handelt es sich um eine stetige Zufallsvariable. Im zweiten Kapitel werde ich diese Grundlagen genauer erläutern und mit mathematischen Begriffen untermauern. Im dritten Kapitel beschäftige ich mich dann ausführlich mit dem Erwartungswert. Dieser beschreibt den erwarteten Mittelwert, also den wahrscheinlichsten Wert bei einem Zufallsexperiment. Im vierten Kapitel gehe ich auf die Varianz an. Dabei handelt es sich um einen Streuungsparameter. Je größer die Varianz ist, desto weiter liegen die Daten vom Mittelwert entfernt. Betrachtet man einen typischen Notenspiegel, lässt sich schnell erkennen, welche Tendenzen die Varianz hat.

Beispiel:

Note	1	2	3	4	5	6
Anzahl	1	2	5	5	3	2

Note	1	2	3	4	5	6
Anzahl	0	1	12	5	0	0

In beiden Tabellen kann man erkennen, dass der Mittelwert zwischen 3 und 4 liegt. Mit der mathematischen Formel, die ich in der Ausarbeitung thematisieren werde, kann man berechnen, dass der Erwartungswert genau bei 3 liegt. Die Varianz bei dem ersten Notenspiegel beträgt 11,3 und beim zweiten Notenspiegel 28,3. Beim zweiten Beispiel ist die

Varianz also wesentlich höher. Die genauen Werte kann man zwar nur mit der Formel berechnen, aber die Tendenz erkennt man schon in der Tabelle auf den ersten Blick. In der ersten Tabelle sind die Noten verstreuter und in der zweiten liegen sie nah am Mittelwert. Dieses Beispiel bezieht sich auf diskrete Zufallsvariablen. Bei stetigen Zufallsvariablen kann man die Tendenzen nicht direkt erkennen. Dafür müssen Integrale aufgestellt werden. Wie genau man den Erwartungswert und die Varianz dann berechnet, werde ich in der Ausarbeitung erläutern und an Beispielen verdeutlichen.

2. Begriffsdefinitionen

In dem folgenden Kapitel werde ich die grundlegenden Begriffe definieren. Dabei gehe ich zunächst allgemein auf Zufallsvariablen ein und beschreibe dann die Eigenschaften von stetigen Zufallsvariablen. Eine stetige Zufallsvariable kann jeden Wert innerhalb eines Zahlenintervalls annehmen. Die Wahrscheinlichkeiten werden dabei durch so genannte Dichtefunktionen festgelegt. Diese werde ich kurz erläutern, um eine Grundlage für den Hauptteil zu schaffen.

2.1. Zufallsvariablen

Ein Zufallsexperiment ist ein stochastischer Vorgang. Es wird ein zufallsabhängiger Vorgang nachgebildet, wobei aber die Menge der jeweils möglichen Ergebnisse ω bekannt ist. Das Experiment wird unter genau festgelegten Bedingungen durchgeführt und ist prinzipiell beliebig oft wiederholbar. Glücksspiele, wie das Werfen eines Würfels oder einer Münze, oder auch das Ziehen einer Karte sind die gängigsten Beispiele von Zufallsexperimenten. Die Menge der möglichen Ergebnisse wird als Ergebnismenge oder Ergebnisraum Ω bezeichnet (vgl. Henze, 2018, S.1-2). Bei einem stochastischen Vorgang interessiert oft nur, ob das Ergebnis ω zu einer gewissen Menge von Ergebnissen gehört. Bei dem Werfen einer Münze kommt es dann z.B. darauf an, ob Kopf geworfen wird und beim Würfeln ist es z.B. von Bedeutung ob eine Sechs gewürfelt wird. Dabei handelt es sich um Teilmengen der Ergebnismenge. Jede Teilmenge von Ω heißt Ereignis ($A \subset \Omega$) (vgl. Henze, 2018, S.5). Die Ereignisse beziehen sich also auf bestimmte Merkmale der Ergebnisse ω. Handelt es sich bei dem Wertebereich um eine reelle Zahlenmenge, wird diese Zuordnung als Zufallsvariable X bezeichnet (vgl. Kohn, 2005, S.227). Eine Zufallsvariable ist also „eine Abbildung X: $\Omega \to \mathbb{R}$ von der Ergebnismenge Ω eines Zufallsexperimentes in den Zustandsraum $\mathbb{R}$ der Menge der reellen Zahlen. Ist $B \subset \mathbb{R}$ eine gegebene Teilmenge von $\mathbb{R}$, so ist das Ereignis, dass X sich in B realisiert, durch $\{X \in B\} = \{\omega \in \Omega : X(\omega) \in B\}$ gegeben und damit stets eine Teilmenge von Ω." (Groß, 2020, S.44). Damit $\{X \in B\}$ ein zuverlässiges Ereignis ist, wird für jede Zufallsvariable X gefordert, dass sie messbar ist. „Eine Abbildung $X : \Omega \to \mathbb{R}$ heißt messbar, falls $\{X \leq x\} = \{\omega \in \Omega : X(\omega) \leq x\} \in A$ für jedes $x \in \mathbb{R}$ erfüllt ist." (Groß, 2019, S.13). Man kann zwischen diskreten und stetigen Zufallsvariablen unterscheiden. Im Folgenden beziehe ich mich lediglich auf stetige Zufallsvariablen.

2.2. Stetige Zufallsvariablen

Eine Zufallsvariable heißt stetig, wenn es kein $x \in \mathbb{R}$ mit $P(X = x) > 0$ gibt (vgl. Groß, 2020, S.46). Es gilt also $P(X = x) = 0$ für alle $x \in \mathbb{R}$ (vgl. Groß, 2019, S.16). Die Werte, die eine stetige Zufallsvariable annehmen kann, sind nicht abzählbar. Bei dem Gewicht einer zufällig ausgewählten Person (X := Gewicht) oder der Geschwindigkeit eines Autos, welches an einer Radarkontrolle vorbeifährt (X := Geschwindigkeit) z.B. handelt es sich um unendliche Wertemengen, die nicht abzählbar sind. Die Mächtigkeit der Menge ist hier größer, als die der Menge der natürlichen Zahlen. Da der Abstand zwischen zwei reellen Zahlen gegen null geht, wird der Wert von X(ω) durch ein Intervall a < X < b angegeben. Die Wahrscheinlichkeit für X(ω) kann daher nur in einem Intervall angegeben werden: P(a < X < b), wobei a und b die Unter- und Obergrenze des Intervalls sind (vgl. Kohn, 2005, S.229). Bei stetigen Zufallsvariablen gilt $P(a \leq X \leq b) = P(a < X \leq b) = P(a \leq X < b) = P(a < X < b)$ (vgl. Fahrmeier/Heumann/Künstler/Pigeot/Tutz, 2016, S.254).

2.3 Wahrscheinlichkeitsfunktionen einer stetigen Zufallsvariable

Wie bereits beschrieben, kann eine stetige Zufallsvariable jeden Wert innerhalb eines (endlichen oder unendlichen) Intervalls annehmen. Die Wahrscheinlichkeitsverteilung einer stetigen Zufallsvariable lässt sich durch eine Dichtefunktion und einer Verteilungsfunktion beschreiben. Die Dichtefunktion ist nur für stetige Zufallsvariablen definiert. Sie dient der Beschreibung einer stetigen Wahrscheinlichkeitsverteilung. Dabei lassen sich aus der Dichtefunktion selbst keine Wahrscheinlichkeiten ablesen, sondern die Fläche unter der Funktion gibt die Wahrscheinlichkeit an. Die Wahrscheinlichkeit, dass x zwischen a und b liegt, wird also so dargestellt: $P(a < X < b) = \int_a^b f(x)dx$ (vgl. Kohn, 2005, S.232-233). Dabei gilt $\int_{-\infty}^{\infty} f(x)dx = 1$, d.h. die Gesamtfläche zwischen x-Achse und der Dichte f(x) ist gleich 1 (vgl. Fahrmeier/Heumann/Künstler/Pigeot/Tutz, 2016, S.254). Da $P(X = x) = 0$ für jedes $x \in \mathbb{R}$ gilt, kann die Verteilung einer stetigen Zufallsvariable nicht durch die Wahrscheinlichkeiten P(X = x) bestimmt werden. Zur Berechnung von Wahrscheinlichkeiten verwendet man daher die entsprechende Verteilungsfunktion. Diese ergibt sich durch die Integration der Dichtefunktion: $F(x) = P(X < x) = \int_{-\infty}^{x} f(\xi)d\xi$ (vgl. Kohn, 2005, S.233).

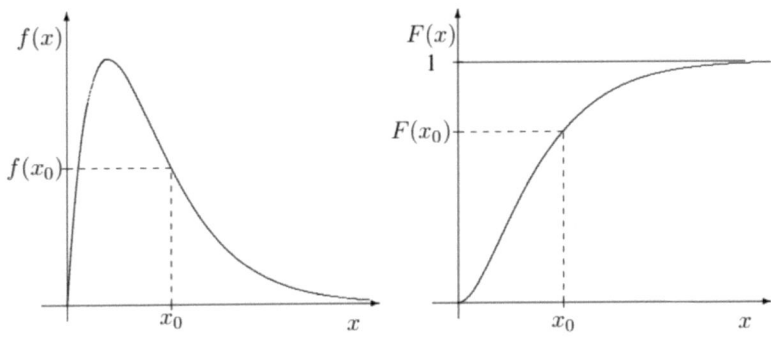

Abbildung1: Dichte und Verteilungsfunktion einer stetigen Zufallsvariable
Quelle: Fahrmeier/Heumann/Künstler/Pigeot/Tutz, 2016, S.255

3. Erwartungswert

In diesem Kapitel wird der Erwartungswert bei stetigen Zufallsvariablen thematisiert. Dazu gehe ich zunächst allgemein auf die Definition vom Erwartungswert ein und werde dann speziell auf stetige Zufallsvariablen eingehen.

3.1. Definition

Der Erwartungswert einer Zufallsvariable X ist eine Kennzahl, die aus der Verteilung von X bestimmt wird (vgl. Groß, 2020, S.65). Er entspricht einem erwarteten Mittelwert und repräsentiert damit die Lage der Verteilung. Damit ist der Erwartungswert auch der wahrscheinlichste Wert. Der Erwartungswert E(X) wird häufig auch mit μ bezeichnet (vgl. Kohn, 2005, S.241).

Beispiel 1: Wir würfeln mit einem fairen Würfel. Wenn die Augenzahl gerade ist, gewinnen wir diesen Betrag, der dieser Zahl entspricht. Ist die Augenzahl aber ungerade, verlieren wir den Betrag der gewürfelten Zahl. In einer Simulation spielen wir das Spiel 100 Mal. Der durchschnittliche Gewinn liegt dabei bei 57 und die relative Häufigkeit jedes der sechs mögliches Ergebnisse liegt nah an der Wahrscheinlichkeit von $\frac{1}{6}$ für das Ergebnis. Spielen wir das Spiel 10.000 Mal beträgt der durchschnittliche Gewinn 4.949. Auch hier liegt die relative Häufigkeit sehr nah an der Wahrscheinlichkeit $\frac{1}{6}$. Der Erwartungswert lässt sich also wie folgt beschreiben: $E(X) = 1(\frac{1}{6}) - 2(\frac{1}{6}) + 3(\frac{1}{6}) - 4(\frac{1}{6}) + 5(\frac{1}{6}) - 6(\frac{1}{6}) = -\frac{1}{2}$ (vgl. Doyle, 2006, S.225).

Wir erhalten den Erwartungswert also, wenn wir eine große Anzahl unabhängiger Versuche durchführen und die resultierenden Werte von X ermitteln. Da dies sehr zeitaufwendig ist, können wir die Summe der Werte der Ergebnisse mit der Wahrscheinlichkeit für das Eintreten jedes einzelnen Ergebnisses multiplizieren, um den wahrscheinlichsten Wert zu ermitteln. Diese Formel verdeutlicht den Erwartungswert, ist aber nur für diskrete Zufallsvariablen anwendbar. Bei stetigen Zufallsvariablen kann die Formel nicht verwendet werden. Hier muss das Integral gebildet werden, um den Erwartungswert zu berechnen.

3.2. Erwartungswert bei stetigen Zufallsvariablen

Der Erwartungswert einer stetigen Zufallsvariable wird definiert durch $E(X) = \int_{-\infty}^{\infty} x\, f(x)dx$ (vgl. Kohn, 2005, S.241), vorausgesetzt das Integral $\int_{-\infty}^{\infty} |x|\, f(x)dx$ ist endlich. Sind X und Y zwei reelle Zufallsvariablen und c ist eine beliebige Konstante, dann ist $E(X + Y) = E(X) + E(Y)$

und $E(c\,X) = c\,E(X)$. Allgemeiner ausgedrückt gilt $E(c_1\,X_1 + ... + c_n\,X_n) = c_1\,E(X_1) + ... + c_n\,E(X_n)$ (vgl. Doyle, 2006, S.270).

Beispiel 2: Ein Zufallsgenerator erzeugt zufällig eine Zahl zwischen -1 und 1. Die Dichtefunktion des Zufallsgenerators ist damit

$$f(x) = \begin{cases} 0 & \text{für } x < -1 \\ 0,5 & \text{für } -1 \le x \le 1 \\ 0 & \text{für } x > 1 \end{cases}$$

Wir überprüfen zunächst, ob es sich bei dieser Funktion um eine Dichte handelt.

$$\begin{aligned}
\int_{-\infty}^{\infty} f(x)dx &= \int_{-\infty}^{-1} 0\, dx + \int_{-1}^{1} 0,5\, dx + \int_{1}^{\infty} 0\, dx \\
&= \int_{-1}^{1} 0,5\, dx \\
&= [0,5\, x]\,_{-1}^{1} \\
&= 1
\end{aligned}$$

Damit handelt es sich bei der Funktion um eine stetige Dichtefunktion. Nun berechnen wir den Erwartungswert.

$$\begin{aligned}
E(X) &= \int_{-\infty}^{\infty} x\, f(x)dx \\
&= \int_{-\infty}^{-1} 0x\, dx + \int_{-1}^{1} 0,5x\, dx + \int_{1}^{\infty} 0x\, dx \\
&= \int_{-1}^{1} 0,5x\, dx \\
&= \left[\frac{1}{4} x^2\right]_{-1}^{1} \\
&= 0
\end{aligned}$$

Wenn man also den Zufallsgenerator beispielweise 100 Mal startet, die Zufallszahlen zusammenzählt und durch 100 teilt, ergibt sich sehr wahrscheinlich ein Wert in der Nähe von 0.

Ist X eine stetige Zufallsvariable, dann gilt $E(g(X)) = \int_{-\infty}^{\infty} g(x)f(x)dx$, wobei f(x) die Dichte von X bezeichnet und $g : \mathbb{R} \to \mathbb{R}$ eine Funktion ist. Sind X und Y zwei stetige Zufallsvariablen mit gemeinsamer Dichte f(x,y) und ist $g = \mathbb{R}^2 \to \mathbb{R}$ eine Funktion, dann ist $E(g(X,Y)) = \int_{-\infty}^{\infty} \int_{-\infty}^{\infty} g(x,y)f(x,y)dxdy$ (vgl. Groß, 2019, S.33).

6

4. Varianz

In diesem Kapitel thematisiere ich die Varianz bei stetigen Zufallsvariablen. Auch hier gehe ich wieder zunächst auf die allgemeine Definition und die Eigenschaften von Varianz ein und beziehe dies auf stetige Zufallsvariablen.

4.1. Definition

Während der Erwartungswert den Mittelpunkt einer Verteilung und damit die ihre grobe Lage beschreibt, gibt die Varianz die Stärke der Streuung um den Erwartungswert an (vgl. Henze, 2018, S.160). Die Varianz berechnet sich aus dem Erwartungswert: $V(X) = E((X - E(X))^2)$, falls $E(X^2) < \infty$. Je größer die Varianz, desto weiter liegen die Daten vom Mittelwert entfernt. Je kleiner die Varianz, desto näher liegen die Daten am Mittelwert. Die Wurzel der Varianz ist die Standardabweichung von X. Diese ist das Maß für die Streubreite der Werte um dessen Mittelwert (vgl. Groß, 2020, S.71). Die Standartabweichung wird auch als σ bezeichnet und die Varianz damit als σ^2 (vgl. Kohn, 2005, S.245).

Falls $E(X^2) < \infty$ gelten die beiden folgenden Aussagen: (vgl. Groß, 2020, S.71-72)

1. $V(X) = E(X^2) - (E(X))^2$

   Beweis:
   $$
   \begin{aligned}
   V(X) &= E((X - E(X))^2) \\
   &= E((X^2) - 2*X*E(X) + E(X)^2) \\
   &= E(X^2) - E(2*X*E(X)) + E(E(X)^2) \\
   &= E(X^2) - 2*E(X)*E(X) + (E(X))^2 \\
   &= E(X^2) - 2*(E(X))^2 + (E(X))^2 \\
   &= E(X^2) - (E(X))^2
   \end{aligned}
   $$

2. $V(a + bX) = b^2 V(X)$

   Beweis:
   $$
   \begin{aligned}
   V(a + bX) &= E((a + b*X - E(a*b*X))^2) \\
   &= E((a + b*X - a - b*E(X))^2) \\
   &= E((b*X - b*E(X))^2) \\
   &= E((b^2 (X - E(X))^2) \\
   &= b^2 E((X - E(X))^2)
   \end{aligned}
   $$

Außerdem zeichnet sich die Varianz durch folgende Eigenschaften aus:

1. Werden alle Werte einer Zufallsvariablen mit einer Konstanten c multipliziert, so muss die Varianz mit c^2 multipliziert werden: $V(cX) = c^2 * V(X)$

2. Die Addition einer Konstanten c, also eine Parallelverschiebung ändert die Varianz nicht: $V(X + c) = V(X)$

3. Seien X, Y zwei voneinander unabhängige Zufallsvariablen, dann gilt: $V(X + Y) = V(X) + V(Y)$ (vgl. Doyle, 2006, S.259-260).

4.2. Varianz bei stetigen Zufallsvariablen

Sei X eine stetige Zufallsvariable, dann ist $V(X) = \int_{-\infty}^{\infty} (x - \mu)^2 \, f(x)dx$.

Beispiel 3:   Wir betrachten das Zufallsexperiment aus dem Beispiel 2 mit der gegebenen Dichtefunktion. Den Erwartungswert haben wir bereits ausgerechnet. Nun berechnen wir die Varianz.

Mit $E(X) = \mu = 0$ ergibt sich:

$$
\begin{aligned}
V(X) &= \int_{-\infty}^{\infty} (x - \mu)^2 \, f(x)dx \\
&= \int_{-\infty}^{-1} (x - 0)^2 \, 0 \, dx + \int_{-1}^{1} (x - 0)^2 \, 0,5 \, dx + \int_{1}^{\infty} (x - 0)^2 \, 0 \, dx \\
&= \int_{-1}^{1} (x - 0)^2 \, 0,5 \, dx \\
&= \int_{-1}^{1} 0,5 \, x^2 dx \\
&= \left[\frac{1}{6} x^3 \right]_{-1}^{1} \\
&= \frac{1}{3}
\end{aligned}
$$

5. Unabhängige Versuche

Zum Schluss gehe ich auf die unabhängigen Versuche in Bezug auf den Erwartungswert und die Varianz ein. Dazu definiere ich zunächst den Begriff Unabhängigkeit.

Ist f_X eine Wahrscheinlichkeitsfunktion einer n-dimensionalen Zufallsvariable $X = (X_1, ..., X_n)$ und ist f_j die Wahrscheinlichkeitsfunktion von X_j, so sind $X_1, ..., X_n$ genau dann unabhängig, wenn $f_X(x_1,...,x_n) = f_{X1}(x_1) ... f_{Xn}(x_n) = \prod_{j=1}^{n} f_j(x_j)$.

Seien $X_1, X_2, ..., X_n$ unabhängig, so gelten: (vgl. Groß, 2020, S.80-83).

1. $E(\prod_{j=1}^{n} X_j) = \prod_{j=1}^{n} E(X_j)$

   Beweis: $\quad E(\prod_{j=1}^{n} X_j) \quad = \quad E(X_1 * X_2 * \dots * X_n)$

   $$= \int_{-\infty}^{+\infty} \dots \int_{-\infty}^{+\infty} x_1 \dots x_n \, f_X(x_1, \dots, x_n) dx_1 \dots dx_n$$

   $$= \int_{-\infty}^{+\infty} \dots \int_{-\infty}^{+\infty} x_1 \dots x_n \, f_1(x_1) \dots f_n(x_n) dx_1 \dots dx_n$$

   $$= (\int_{-\infty}^{+\infty} x_1 f_1(x_1) dx_1) \dots (\int_{-\infty}^{+\infty} x_n f_n(x_n) dx_n)$$

   $$= E(X_1) \dots E(X_n)$$

   $$= \prod_{j=1}^{n} E(Xj)$$

2. $V(\sum_{j=1}^{n} X_j) = \sum_{j=1}^{n} V(X_j)$

   Beweis: $\quad V(\sum_{j=1}^{n} X_j)$

   $$= V(X_1 + X_2 + \dots + X_n)$$

   $$= \int_{-\infty}^{+\infty} \dots \int_{-\infty}^{+\infty} ((x_1 - \mu)^2 + \dots + (x_n - \mu)^2) \, f_X(x_1, \dots, x_n) \, dx_1 \dots dx_n$$

   $$= \int_{-\infty}^{+\infty} \dots \int_{-\infty}^{+\infty} ((x_1 - \mu)^2 + \dots + (x_n - \mu)^2) \, f_1(x_1) \dots f_n(x_n) \, dx_1 \dots dx_n$$

   $$= (\int_{-\infty}^{+\infty} (x_1 - \mu)^2 f_1(x_1) dx_1) + \dots + (\int_{-\infty}^{+\infty} (x_n - \mu)^2 f_n(x_n) dx_n)$$

   $$= V(X_1) + \dots + V(X_n)$$

   $$= \sum_{j=1}^{n} V(X_j)$$

6. Fazit

In der Ausarbeitung habe ich mich mit dem Erwartungswert und der Varianz bei stetigen Zufallsvariablen beschäftigt. Der Erwartungswert und die Varianz hängen eng zusammen. Während der Erwartungswert den erwarteten Mittelwert angibt, dient die Varianz als Streuungsparameter. Bei stetigen Zufallsvariablen können diese, ebenso wie die Wahrscheinlichkeiten der einzelnen Ergebnisse, nicht direkt an den absoluten Häufigkeiten erkannt werden. Die Verteilung einer stetigen Zufallsvariablen X kann nicht durch die Wahrscheinlichkeiten P(X = x) bestimmt werden, da diese stets null sind. Bei unendlich nahe beieinander liegenden Ereignissen, ist die Wahrscheinlichkeit, dass genau das Ereignis x eintritt unendlich klein, denn der Abstand zum nächsten Ereignis ist unendlich klein und damit nicht unterscheidbar zum Vorhergehenden. Die Ereignisse liegen immer innerhalb eines Intervalls der Länge b − a und die Wahrscheinlichkeiten werden durch P(a<X<b) angegeben.

Diese Wahrscheinlichkeiten werden für stetige Zufallsvariablen durch so genannte Dichtefunktionen festgelegt. Die Unabhängigkeit spielt in diesem Zusammenhang eine wichtige Rolle. Sind X und Y unabhängig, können wir von der Formel für den Erwartungswert verschiedene Regeln ableiten. So können wir z.b. sagen, dass $E(XY) = E(X) * E(Y)$. Da X und Y unabhängig sind ist die gemeinsame Dichtefunktion von X und Y auch das Produkt der einzelnen Dichtefunktionen. Dadurch multiplizieren sich auch die Erwartungen von X und Y. Da die Varianz sich aus dem Erwartungswert berechnet, spielt auch hier die Unabhängigkeit eine wichtige Rolle.

Im Folgenden habe ich einige Aufgaben herausgesucht, die sich mit der Berechnung des Erwartungswertes und der Varianz beschäftigen. In der ersten Aufgabe habe ich zudem zunächst geprüft, ob es sich um eine Dichtefunktion handelt. Bei den weiteren Aufgaben habe ich das als gegeben gesehen. In der zweiten Aufgabe habe ich die Eigenschaften einer Dichtefunktion genutzt und in der dritten Aufgabe habe ich mich mit der gemeinsamen Dichte beschäftigt.

7. Aufgaben

Aufgabe 1

Sei X eine Zufallsvariable mit dem Bereich $[-1,1]$ und sei $f_X(x)$ die Dichtefunktion von X. Berechnen Sie $E(X)$ und $V(X)$, wenn $|x| < 1$:

$$\int_{-\infty}^{\infty} f(x)\, dx = \int_{-1}^{1} f(x)\, dx$$

a) $f_X(x) = \frac{1}{2}$

- Ist $f_X(x)$ eine Dichte?

$$\int_{-1}^{1} \frac{1}{2}\, dx = \left(\frac{1}{2}x \Big|_{-1}^{1}\right) = \left(1 \cdot \frac{1}{2}\right) - \left(-1 \cdot \frac{1}{2}\right) = 1 \quad \checkmark$$

- Erwartungswert

$$E(X) = \int_{-\infty}^{\infty} x\, f(x)\, dx$$

$$= \int_{-1}^{1} x \cdot \frac{1}{2}\, dx$$

$$= \left(\frac{1}{4}x^2\right)_{-1}^{1}$$

$$= \left(1^2 \cdot \frac{1}{4}\right) - \left((-1^2) \cdot \frac{1}{4}\right)$$

$$= \frac{1}{4} - \frac{1}{4} = 0$$

$$\boxed{E(X) = 0}$$

- Varianz

$$V(X) = \int_{-\infty}^{\infty} (x-\mu)^2\, f(x)\, dx$$

$$= \int_{-1}^{1} (x-0)^2 \frac{1}{2}\, dx$$

$$= \int_{-1}^{1} \frac{1}{2}x^2\, dx$$

$$= \left(\frac{1}{6}x^3 \Big|_{-1}^{1}\right)$$

$$= \left(1^3 \cdot \frac{1}{6}\right) - \left((-1)^3 \cdot \frac{1}{6}\right)$$

$$= \frac{1}{6} + \frac{1}{6} = \frac{1}{3}$$

$$\boxed{V(X) = \frac{1}{3}}$$

b) $f_X(x) = \frac{3}{2}x^2$

- Ist $f_X(x)$ eine Dichte?

$$\int_{-1}^{1} \frac{3}{2}x^2 = \left(\frac{1}{2}x^3 \Big|_{-1}^{1}\right) = \left(1^3 \cdot \frac{1}{2}\right) - \left((-1)^3 \cdot \frac{1}{2}\right) = 1 \quad \checkmark$$

- Erwartungswert

$$E(X) = \int_{-\infty}^{\infty} x\, f(x)\, dx$$

$$= \int_{-1}^{1} x \cdot \left(\frac{3}{2}x^2\right) dx$$

$$= \int_{-1}^{1} \frac{3}{2}x^3\, dx$$

$$= \frac{3}{2} \int_{-1}^{1} x^3\, dx$$

$$= \frac{3}{2}\left(\frac{1}{4}x^4 \Big|_{-1}^{1}\right)$$

$$= \frac{3}{2}\left(\frac{1}{4} - \frac{1}{4}\right)$$

$$= 0$$

$\boxed{E(X) = 0}$

- Varianz

$$V(X) = \int_{-\infty}^{\infty} (x-\mu)^2\, f(x)\, dx$$

$$= \int_{-1}^{1} (x-0)^2 \cdot \frac{3}{2}x^2\, dx$$

$$= \int_{-1}^{1} x^2 \cdot \frac{3}{2} \cdot x^2\, dx$$

$$= \frac{3}{2} \int_{-1}^{1} x^4\, dx$$

$$= \frac{3}{2}\left(\frac{1}{5}x^5 \Big|_{-1}^{1}\right)$$

$$= \frac{3}{2}\left(\left(1^5 \cdot \frac{1}{5}\right) - \left((-1)^5 \cdot \frac{1}{5}\right)\right)$$

$$= \frac{3}{2}\left(\frac{1}{5} + \frac{1}{5}\right)$$

$$= \frac{3}{5}$$

$\boxed{V(X) = \frac{3}{5}}$

Aufgabe 2

Sei X eine Zufallsvariable mit dem Bereich $[-1,1]$ und der Dichtefunktion $f_X(x) = ax+b$, mit $|x| < 1$.

Zeigen Sie: $\int_{-1}^{1} f_X(x)\,dx = 1 \implies b = \frac{1}{2}$

$$1 = \int_{-1}^{1} f_X(x)\,dx$$

$$1 = \int_{-1}^{1} ax+b\,dx$$

$$1 = \left(\frac{1}{2}ax^2 + bx \Big|_{-1}^{1}\right)$$

$$1 = \left(\frac{1}{2}\cdot a \cdot 1^2 + b\cdot 1\right) - \left(\frac{1}{2}\cdot a \cdot (-1)^2 + b\cdot(-1)\right)$$

$$1 = \left(\frac{a}{2} + b\right) - \left(\frac{a}{2} - b\right)$$

$$1 = \left(\frac{a}{2} + b - \frac{a}{2} + b\right)$$

$$1 = 2b$$

$$\frac{1}{2} = b \qquad \text{q.e.d.}$$

Aufgabe 3

Betrachen Sie die gemeinsame Dichte $f(x,y) = \frac{6}{7}(x+2y^2)\,\mathbb{1}_{[0,1]^2}(x,y)$

Bestimmen Sie:

a)
$$E(X) = \int_{-\infty}^{\infty}\int_{-\infty}^{\infty} x\cdot f(x,y)\,dx\,dy$$

$$= \int_{0}^{1}\int_{0}^{1} x\cdot \left(\frac{6}{7}(x+2y^2)\right)dx\,dy$$

$$= \int_{0}^{1}\int_{0}^{1} x\cdot \left(\frac{6}{7}x + \frac{12}{7}y^2\right)dx\,dy$$

$$= \int_{0}^{1}\int_{0}^{1} \frac{6}{7}x^2 + \frac{12}{7}xy^2\,dx\,dy$$

$$= \int_{0}^{1}\left(\frac{2}{7}x^3 + \frac{6}{7}x^2y^2 \Big|_{0}^{1}\right)dy$$

$$= \int_{0}^{1}\left(\frac{2}{7} + \frac{6}{7}y^2\right)dy$$

$$= \left(\frac{2}{7}y + \frac{2}{7}y^3 \Big|_{0}^{1}\right)$$

$$= \frac{2}{7} + \frac{2}{7} = \frac{4}{7}$$

b) $E(X+Y) = \int_{-\infty}^{\infty} \int_{-\infty}^{\infty} (x+y) \, f(x,y) \, dx \, dy$

$= \int_0^1 \int_0^1 (x+y) \left(\frac{6}{7}x + \frac{12}{7}y^2 \right) dx \, dy$

$= \int_0^1 \int_0^1 \frac{6}{7}x^2 + \frac{12}{7}xy^2 + \frac{6}{7}xy + \frac{12}{7}y^3 \, dx \, dy$

$= \int_0^1 \left(\frac{2}{7}x^3 + \frac{6}{7}x^2y^2 + \frac{3}{7}x^2y + \frac{12}{7}xy^2 \Big|_0^1 \right) dy$

$= \int_0^1 \left(\frac{2}{7} + \frac{6}{7}y^2 + \frac{3}{7}y + \frac{12}{7}y^2 \right) dy$

$= \int_0^1 \left(\frac{12}{7}y^2 + \frac{6}{7}y^2 + \frac{3}{7}y + \frac{2}{7} \right) dy$

$= \int_0^1 \left(\frac{18}{7}y^2 + \frac{3}{7}y + \frac{2}{7} \right) dy$

$= \left(\frac{6}{7}y^3 + \frac{3}{14}y + \frac{2}{7} \Big|_0^1 \right)$

$= \frac{6}{7} + \frac{3}{14} + \frac{2}{7} \quad = \frac{17}{14}$

Literaturverzeichnis

Doyle, Peter (2006): *Grinstead and Snell's Introduction to Probability. The CHANCE Project.* American Mathematical Society.

Fahrmeier, Ludwig/Heumann, Christian/Künstler, Rita/Pigeot, Iris/Tutz, Gerhard (2016): *Statistik. Der Weg zur Datenanalyse* (8., überarbeitete und ergänzte Auflage). Berlin/Heidelberg: Springer-Verlag.

Groß, Jürgen (2019): *Stochastische Prozesse. Skript-Entwurf zur Vorlesung.* Universität Hildesheim.

Groß, Jürgen (2020): *Statistik und Stochastik. Skript-Entwurf zur Vorlesung.* Universität Hildesheim.

Henze, Norbert (2018): *Stochastik für Einsteiger, Eine Einführung in die faszinierende Welt des Zufalls* (12., verbesserte und erweiterte Auflage). Wiesbaden: Springer Fachmedien GmbH.

Kohn, Wolfgang (2005): *Statistik. Datenanalyse und Wahrscheinlichkeitsrechnung.* In: Dette, Holger/Härdle, Wolfgang (Hrsg.): Statistik und ihre Anwendung. Berlin/Heidelberg: Springer-Verlag.